NOTES

DE

CHIMIE

MATIÈRE MÉDICALE

HISTOIRE NATURELLE

Par E. LIOTARD

PHARMACIEN DE 1ᵉ CLASSE

Chimiste-Lauréat

Membre de la Société Chimique de Paris

—※—

NICE

Imp. Spéciale du " Petit Niçois "

43, Bd Dubouchage, 15-17, Rue St-Michel

1899

NOTES

DE

CHIMIE

MATIÈRE MÉDICALE

HISTOIRE NATURELLE

Par E. LIOTARD

PHARMACIEN DE 1re CLASSE

Chimiste-Lauréat

Membre de la Société Chimique de Paris

NICE

Imp. Spéciale du " Petit Niçois "

43, Bd Dubouchage, 15-17, Rue St-Michel

—

1899

NOTES

DE

CHIMIE

MATIÈRE MÉDICALE

HISTOIRE NATURELLE

par E. LIOTARD, Pharmacien de 1re Classe
Chimiste-Lauréat,
Membre de la Société Chimique de Paris.

———— @ ————

COEFFICIENTS THÉRAPEUTIQUES

Les doses des médicaments devant être proportionnelles au poids du corps, le poids moyen de l'homme étant 60 kilog.; en divisant les quantités qui représentent les doses maxima par 60, l'on aura les coefficients thérapeutiques pour 1 kilog. corporel. Ce coefficient connu, pour savoir la quantité d'un médicament à donner à un malade, il suffira de multiplier le coefficient du médicament par le nombre qui représente le poids de ce malade.

Exemple : Quelle est la quantité d'acétate de soude que l'on peut donner à un enfant de 20 kilog., dans les 24 heures : sachant que la dose maxima de 24 heures est de 15 gr. pour un adulte de 60 kilog:

$$\frac{15.00}{60} = 0,25 \qquad 0,25 \times 20 = 5 \text{ grammes.}$$

Il est bon d'utiliser les coefficients thérapeutiques, car pour un âge donné il peut exister une grande différence dans le poids des malades; dans ce cas, l'on ne devra pas administrer les mêmes doses.

La presse médicale a très bien accueilli cette *innovation* (Prof. Gay), et l'Académie de Médecine a fait un rapport très favorable de notre **Manuel de Pharmacologie clinique** qui a servi à introduire la notion de ces coefficients en thérapeutique (Prof. Yvon).

———

RÉACTIONS INÉDITES

CROTON CHLORAL. — Sa solution additionnée de sulfhydrate d'ammoniaque précipite en jaune.

BENZO NAPHTOL. — Chauffé en poudre dans un tube avec de l'acide azotique concentré, il se dégage des vapeurs rutilantes, en même temps que le liquide se colore en rouge safran.

BÉTOL.— En procédant comme ci-dessus la coloration du liquide est brune.

MICROCIDINE. — En procédant comme ci-dessus, le liquide se colore en rouge cramoisi.

ARISTOL. — Chauffé avec de l'eau acidulée par l'acide chlorhydrique donne avec un peu d'amidon, la coloration bleue de l'iodure d'amidon.

ACIDE CAMPHORIQUE. — En solution alcoolique : donne, avec le chromate jaune de potasse, une coloration rouge orange.

CASTOREUM. — Chauffé avec quelques gouttes d'acide azotique ; donne une couleur jaunâtre devenant brune par addition d'ammoniaque.

GLYCÉROPHOSPHATE DE CHAUX.— Chauffé a sec il brunit ; une solution de ce sel ainsi décomposé précipite par le nitrate d'urane ; tandis que le sel primitif forme une masse gélatineuse.

LACTOPHÉNINE. — L'acide nitrique la colore en jaune et le ferricyanure de potassium donne un précipité de la même couleur.

UNITÉS UROLOGIQUES

On donne le nom d'*unités urologiques* des éléments urinaires, aux nombres qui, multipliés par le poids du corps, donnent les quantités de ces éléments éliminés dans les 24 heures.

Les unités urologiques permettent de traduire en une courbe graphique les résultats des analyses ; et, de comparer les rapports des éléments des urines d'un sujet sain ou malade.

Ci-dessous un tableau de ces unités pour adultes et pour les enfants, extraites de notre *Manuel d'analyse des urines* :

	Adultes	Enfants
Eléments dissous	0.833	1.30
Matières organiques.	0.616	0.75
Matières minérales	0.216	0.55
Chlorure de sodium.	0.183	0.33
Urée	0.450	0.60
Acide urique	0 010	0.011
Acide phosphorique.	0.050	0.053

Comme on le voit par ce tableau, un entant élimine, pour un même poids du corps, une plus grande quantité d'éléments qu'un adulte.

Notre méthode graphique de représenter les analyses des urines, et nos chiffres, ont été adoptés par la majorité des chimistes.

ANALYSE D'UNE SÉROSITÉ

Sérosité pleurale qui nous a été remise par trois médecins pour être analysée. Liquide rosé, à réaction neutre, renfermant un caillot peu volumineux. Absence de corpuscules purulents. Sa densité était 1.010.

Les globules sanguins qui lui donnaient la coloration rouge étaient encore chargés d'hémoglobine.

Par le repos, il se formait deux couches ; la supérieure de couleur jaune citron, l'inférieure rouge. Outre les globules sanguins, il existait peu d'éléments anatomiques :

Albumine, 22 gr. par litre.
Acide phosphorique, 1 gr. par litre.
Chlorures, 4 gr. 50 par litre.
Peptones; traces.
Glucose, traces.

Cette sérosité provenait d'une pleurésie chronique.

LE LAIT A NICE

L'on sait que la composition du lait varie suivant les régions, la race et l'alimentation. N'ayant trouvé dans aucun ouvrage la composition moyenne du lait vendu à Nice, j'ai jugé à propos de donner ces quantités pour les trois principaux éléments :

Beurre, 31 gr. par litre.
Caseine, 38 gr. par litre.
Sucre de lait, 50 gr. par litre.

D'après ces données, j'estime que l'on ne doit admettre comme bon, tout lait qui contiendrait moins de :

Beurre, 25 gr. par litre,
Caseine, 35 gr. par litre,
Sucre de lait, 45 gr. par litre.

Les laitiers donnent à l'occasion à manger aux vaches des feuilles d'artichauts ; qui rendent le lait impropre à la consommation. Ce lait est cause de la majorité des diarrhées dont sont atteints les petits enfants à qui il est donné ; car il renferme de la *cynarine*, qui est un composé purgatif comme l'*aloine* de l'aloês.

Certains laitiers achètent le pulpe des oranges amères, qui sont privées de leurs écorces, et la donnent à manger à leurs vaches ; le lait qui provient de ces animaux est de qualité inférieure et nuisible aux nourrissons.

GÉOLOGIE
Territoire de Nice

Il y a lieu de considérer sur le territoire de Nice le sol en plaine de la ville et celui des collines.

Toutes les terres végétales datent de l'époque actuelle, elles sont dues aux décompositions atmosphériques et aux transports par les eaux.

Pour donner un aperçu de la superposition des terrains, nous considèrerons une coupe dans les terrains *pliocène* et *quaternaire* de l'embouchure du Var au confluent de la Vésubie. Tous les terrains seront ainsi représentés.

Nous diviserons cet espace en 4 parties égales, en mentionnant les terrains par ordre en commençant par la surface du sol.

Premier quart : 1° Terrain actuel sédimentaire rouge ; 2° Travertin ; 3° Conglomérat; 4° Calcaire jurassique.

Deuxième et troisième quarts : 1° Conglomérats ; 2° Marnes azurées ; 3° Calcaire jurassique.

Quatrième quart : Terrain exclusivement jurassique.

Les dépôts *pliocènes* les plus considérables se trouvent à l'embouchure du Var. Le sol est d'une époque postérieure au terrain *permien* et appartient à la fin de l'ère secondaire. Ces dépôts se sont effectués primitivement sous des eaux profondes et tranquilles. Dans la suite, le massif des Alpes a subi un exhaussement, de là l'inclinaison des couches du *pliocène*. Cette inclinaison varie de 10 à 30°.

Les terrains de la période *éocène* sont entièrement marins et composés uniquement de roches calcaires à nummulites.

Le terrain *crétacé* supérieur est exclusivement représenté par des calcaires compacts disposés en bancs épais et séparés par des assises marneuses ; on y trouve des rudistes, des radiolites et des hippurites.

A la suite du plissement des Alpes, sur-
venu après la période éocène, le massif de
la Corniche s'est trouvé formé. Les petites
baies qui s'y trouvaient ont été peu à peu
comblées par des détritus que les torrents
descendant des montagnes y accumulaient
sous forme d'argile, de sable, de congloné-
rats et de travertins.

Ces diverses couches sont très visibles
dans toutes les vallées, soit de la Madeleine, les vallons de la Mantéga, de la
Lanterne, Obscur, des Grottes de Sainte-
Hélène, etc.

A la fin de la période quaternaire, alors
que l'on trouvait dans les bois le rhino-
céros, le grand ours des cavernes, les
hommes qui habitaient la côte des Alpes-
Maritimes vivaient dans des grottes des
produits de la chasse et de la pêche. Leur
état de civilisation était assez avancé, puis-
qu'ils savaient tailler le silex et l'os et utiliser les coquilles comme parure.

Sans doute à la suite de croisement avec
d'autres races venant du Nord ou de l'Est,
l'on trouve plus tard un type différent.
C'est l'homme de l'époque de la terre polie

(néolithique). La plus ancienne migration connue est celle des Ibères, puis vinrent les Ligures.

Le Château, primitivement isolé du continent, y fut rattaché par les alluvions du Paillon, dont le cours s'est modifié dans la suite.

Voici la composition du sol des divers endroits de Nice et ses environs :

Montboron : Terrain jurassique ;
Versant Ouest du Montboron : Poudingues et marnes ;
Mont-Chauve : Terrain crétacé ;
Quartier Saint-Roch : Alluvions modernes ;
Saint-André : Sol crétacé ;
Trinité : Poudingues ;
Falicon : Terrain crétacé ;
Château : Terrain jurassique ;
Centre de la ville : Alluvions modernes ;
Beaumettes : Terrain jurassique ;
Quartier de la Madeleine : ⎰
 »   Saint-Philippe : ⎱ Poudingues ;
Place d'Armes : Gypse ;
Le Var : ⎰
Littoral : ⎱ Alluvions ;
Le Ray : ⎫
Saint-Roman : ⎬ Poudingues ;
Vallon Obscur : ⎭

PASSERINE COTONNEUSE

La Passerine cotonneuse (*Passerina hirsuta*) est, comme le Garou, un arbrisseau qui appartient à la famille des *Daph-nacées ;* elle croît en certains points du Midi de la France, en Algérie et en Corse, où je l'ai rencontrée assez abondamment dans les lieux arides.

Tige très rameuse, haute de cinquante centimètres environ ; à rameaux alternes, recouverts d'un duvet blanchâtre, surtout vers leur extrémité : d'où son nom de *hirsuta*

L'écorce de la tige a un suber brunâtre assez développé ; elle est très riche en fibres libériennes blanches et textiles, qui lui donnent une grande résistance. La face interne de cette écorce est de couleur jaune paille.

Feuilles petites, analogues à la langue de moineau (passer) ; uninerves, alternes. simples et coriaces. Ces feuilles sont très rapprochées sur la tige, comme imbriquées, ce qui donne à la plante un aspect ericoïde. Contrairement à ce que l'on voit chez les autres végétaux, ces feuilles sont d'un vert foncé à leur face inférieure et blanches sur la face supérieure.

Fleurs monopétales, jaunes en forme de

tube; elles possèdent huit étamines disposées en deux rangs. Ces fleurs groupées au
nombre de 2 à 6 au sommet des rameaux,
se développent vers la fin du mois de mars.
Le fruit est une petite capsule à loge
monosperme.

La partie la plus intéressante au point
de vue thérapeutique est l'écorce. Cette
dernière mâchée, donne une saveur tout
d'abord peu prononcée, puis très âcre et
chaude; elle provoque en outre une hyper-
secretion salivaire.

EXTRAIT ÉTHÉRÉ. — J'ai fait un extrait
éthéré avec l'écorce récoltée au moment de
la floraison, en suivant le procédé du
Codex pour la préparation de l'extrait de
garou. Le produit obtenu, d'aspect résineux,
était insoluble dans l'alcool et le chloroforme. D'une saveur âcre, odeur nauséeuse
se rapprochant de celle de l'extrait éthéré
de garou.

Appliqué sur le bras, sous forme d'un
petit vésicatoire, cet extrait a produit un
grand nombre de vesicules remplies de
sérosité.

EXTRAIT ALCOOLIQUE. — L'extrait alcoolique de cette écorce, était peu soluble dans l'eau froide, assez soluble dans l'eau chaude. Cette solution n'a pas précipité par l'acitate neutre de plomb, mais le sous-acétate a produit un précipité jaune.

L'acide azotique le dissout en se colorant en rouge. Enfin, le perchlorure de fer neutre communique à sa solution aqueuse une coloration bleuâtre qui tourne au jaune par l'ébullition.

Ces diverses réactions caractérisent la présence de la *daphnine* dans l'écorce de la Passerine cotonneuse, comme dans celle du Garou, où ce glucoside fut découvert.

L'extrait alcoolique ne jouit d'aucune propriété vésicante, de même que l'extrait alcoolique de Garou.

Donc, en me basant sur les propriétés chimiques et thérapeutiques que j'ai constatées dans l'écorce de la Passerine cotonneuse, propriétés communes avec celles de l'écorce de Garou, je pense que l'écorce de Passerine cotonneuse peut être employée au même titre que celle du Garou.

Les Nouveaux Remèdes, no *9.*
(8 mai 1888).

KOUSSO

Le *Kousso* est l'inflorescence produite par le *Brayera anthelminthica*, arbre qui croît en Abyssinie : c'est un tœnifuge puissant ne donnant ni coliques ni nausées.

Les fleurs de Kousso contiennent un principe actif nommé *Koussine*, du *Tannin*, une *Résine* et une *Huile volatile*.

Koussine. — Pour les uns, la *Koussine* serait une matière résineuse ; d'après M. Stromeyer, ce serait un alcaloïde ; quant à moi, je la regarde comme un composé jouant le rôle d'acide, analogue à la *Santonine*. La Koussine a, en effet, la propriété de se combiner avec les alcalis et l'oxyde de plomb, d'être déplacée de ses combinaisons par les acides. M. Pavesi a, d'ailleurs, obtenu un sel par l'action du Carbonate de soude, sel auquel il a donné le nom de *Koussinate de soude*.

La Koussine est amorphe ou cristallisée ; à l'état cristallin, elle est en prismes striés, lourds, appartenant au système orthorombique. Elle fond à 142°, en dégageant une odeur butyrique : elle est très peu soluble dans l'eau ; soluble dans l'alcool, l'éther, le chloroforme, la benzine, le sulfure de de carbone et l'éther de pétrole à chaud. Le chlorure ferrique colore la solution en rouge fixe ; je n'ai obtenu aucun précipité par l'iodure de potassium et le réactif de Meyer.

La Koussine n'a ni goût, ni odeur, ne possède pas de pouvoir roturatoire, elle a une réaction acide.

Préparation de la Koussine. — J'ai préparé la Koussine en procédant de la manière suivante :

Pulvériser les fleurs de Kousso, mélanger la poudre obtenue avec la chaux dans les proportions de 2 de chaux pour cent de poudre de Kousso ; épuiser d'abord le mélange avec de l'alcool à 80°, puis par l'eau bouillante. Les liquides filtrés sont réunis et évaporés par distillation, une fois suffisamment concentrés, on les traite par de l'acide acétique cristallisable ; il se forme alors un précipité que l'on lave à l'eau et que l'on sèche à un douce chaleur. Ce précipité est constitué par de la Koussine, du tannin et de la résine : le traiter par du

2

bicarbonate de soude : il se forme du Koussinate de soude insoluble dans le chloroforme.

En traitant le précipité par du chloroforme, le tannin et la résine se dissolvent, il ne reste plus, comme résidu, que du Koussinate de soude. Dissoudre ce sel dans l'eau et précipiter la Koussine par l'acide acétique, en ayant soin de ne pas mettre un excès de cet acide. Laver à l'eau, reprendre par de l'alcool à 90°, faire évaporer cette dernière solution très lentement et à froid ; on obtient ainsi de la Koussine pure et cristallisée.

TANNIN. — Le tannin des fleurs de Kousso m'a donné un précipité vert avec les sels de fer ; une coloration verte par l'ammoniaque, et avec l'acétate de plomb un précipité jaune abondant. Ce tannin se rapproche donc de l'acide cafétannique.

RÉSINE. — J'ai obtenu une résine de couleur brune, odeur vireuse, saveur légèrement amère. J'ai trouvé cette résine, soluble dans l'alcool amylique, dans le chloroforme, dans le sulfure de carbone et dans les huiles à chaud ; insoluble dans la benziné. Elle se combine avec la potasse et la soude ; 500 grammes de fleurs de Kousso m'ont donné 48 grammes de résine.

4 grammes de cette résine dissous dans 30 grammes d'huile de ricin, n'ont pu déterminer l'expulsion du Tœnia.

Huile volatile. — Le Kousso est assez riche en huile volatile ; c'est elle qui lui communique son odeur particulière ; elle n'est pas tœnifuge.

Conclusion. — Le Kousso doit donc ses propriétés tœnifuge à la présence de la Koussine seulement.

Journal de Pharm. et de Chimie, n° 9.
(1er mars 1888).

―――

SCHINUS MOLLE

Le *Schinus molle* est un grand arbre de la famille des térébinthacées, tribu des anacardiées, très commun au Pérou et au Chili ; naturalisé en certains points de l'Europe, notamment à Cannes et à Nice où on le trouve dans presque tous les jardins.

Le végétal a des feuilles alternes lancéolées, simples et sans stipules. Les fleurs
régulières disposées en épi, ont cinq sépales,
cinq pétales d'un blanc jaunâtre et dix
étamines.

Le fruit est drupacé, indéhiscent ; épicarpe rose cassant à la maturité ; au-dessous
de l'épicarpe, se trouve une pulpe légèrement douce ; noyau dur et à côtes saillantes,
parcouru dans son épaisseur par des
canaux résinifères.

Ce fruit est de la grosseur d'un grain de
poivre ; il contient de la *résine* et de la
piperine, cette dernière lui communique
une odeur analogue à celle du poivre, d'où
son nom vulgaire de *poivrier* sous lequel
on désigne le végétal. A l'état de maturité,
il est laxatif. Mis à macérer dans l'eau, ces
fruits donnent après une légère fermenta-
tion, une boisson employée par les indi-
gènes des pays d'origine dans les maladies
des reins, comme celle obtenue avec les
baies de genièvre.

RÉSINE. — En coupe transversale, la
tige m'a montré de gros canaux résineux
disposés sur une seule circonférence dans

le parenchyme cortical ; de ces canaux s'écoule un suc résineux, laiteux, ayant une odeur analogue à celle du fenouil. Ce suc recueilli, donne par dessication un produit comparable à la résine *élémi*.

Poudre de fruit. — Le fruit sec mis en poudre, et donné sous forme d'opiat, peut être employé contre la *blennorrhagie*, au même titre que le poivre de cubèbe, la piperine étant un composé analogue au cubébin. D'autre part, à cause de leur effet laxatif et par la résine qu'ils contiennent, les fruits agissent de la même manière que le copahu.

Les Nouveaux Remèdes, no 22.
(24 novembre 1887).

A la suite de cette note, M. le Docteur Bertheran, d'Alger, fit des expériences qui lui donnèrent un plein succès.

PLANTES MÉDICINALES

qui croissent dans le Territoire de Nice

Arum.— *Maculatum* var *italicum* (Aroïdées). Commun dans les lieux cultivés et à l'ombre ; vulgairement appelé pied de veau. Ses feuilles sont grandes, d'un vert sombre ; la fleur blanc jaunâtre ressemble à un cornet. Le tubercule est un violent **purgatif.**

CAROUBE. — Fruit du *ceratonia siliqua* (Legumin.), arbre qui croît abondamment à Nice, que l'on trouve dans les jardins, sur le quai Saint-Jean-Baptiste et surtout au Mont-Boron. Le fruit de cette légumineuse contient une pulpe **laxative rafraîchissante.**

FRAISIER. — On emploie le rhizome qui est cylindrique du *fragaria Vesca* (rosacée), que l'on rencontre toute l'année à l'état sauvage ou cultivé. C'est un **diurétique.**

FIGUE. — Fruit du figuier *ficus carica* (morées), qui, à proprement parler, est un réceptacle charnu. Sèches et bouillies elles donnent une tisane pectorale sucrée ; elles passent aussi pour **émollientes.**

GLOBULAIRE. — *Globularia Alypum* (globulariées). Petit arbrisseau, à feuilles oblongues, tige ligneuse rameuse dressée ; fleurs d'un beau bleu en petits capitules denses. On la rencontre toute l'année, surtout l'hiver; dans les lieux arides et pierreux. Utilisée contre la goutte et le **rhumatisme.**

GRENADIER. — Cultivé dans beaucoup de jardins; tout le monde connaît cet arbre avec ses grosses fleurs rouges et ses fruits globuleux à graines succulentes. L'écorce de tige et de racine sont **tœnifuges** sous forme de décoction. L'arbre est le *punica granatum.*

JUJUBES. — Fruits du *zizyphus sativa* (rhamnées). La moitié du volume d'une datte, enveloppe extérieure rouge jaunâtre. Saveur sucrée et mucilagineuse. Ce fruit possède un noyau dur; il fait partie des fruits **pectoraux.** La plante est cultivée, ne vient pas spontanément.

LAVENDULA STŒCHAS. — Lavande à toupet (labiées). Feuilles blanches cotonneuses linéaires, fleurs d'un pourpre noir en épi dense, oblong, surmonté de grandes bractées violettes. Fleurit presque toute l'année; commun dans les lieux arides. **Antihœmopthysique.**

LAURIER-CERISE. — Petit arbre cultivé, originaire de l'Asie Mineure. Feuilles

grandes, ovales, lancéolées, coriaces, lui-
santes en dessus ; fleurs blanches en longues
grappes ; fruit ayant l'aspect d'une petite
cerise. Froissées, les feuilles dégagent une
odeur d'amandes amères. Plante vénéneuse
névrotropique.

Laurier-rose. — *Nerium oleander*
(apocynées). Arbrisseau cultivé que l'on
trouve dans tous les jardins et promenades.
Feuilles lancéolées, entières ; fleurs roses,
rarement blanches, aussi grosses qu'une
rose ordinaire. Fleurit en juin et juillet. La
plante est vénéneuse, c'est un **cardiaque**.

Lavande commune. — (*Lavandula vera*,
labiée). Plante à tige grêle carrée ; feuilles
linéaires blanchâtres ; fleurs bleues petites
à épi lache allongé. fleurit pendant l'été.
Elle est cultivée et pousse à l'état sauvage
dans les endroits arides. Odeur forte aromatique camphrée. **Stimulant aromatique.**

Menthe. — Il y a à Nice trois variétés
de menthe : la menthe *rotundifolia, aqua-
tica, pulegium*. La menthe *poivrée* est
cultivée dans l'arrondissement de Grasse
pour en retirer l'essence. La rotundifolia a
ses feuilles sans pétiole, rugueuses et

cotonneuses en dessous. La *pulegium* a ses feuilles petites pétiolées. **Excitant.**

Mcguet. — Se trouve dans tous les jardins. Le *convallaria maialis* (asparagin) est une jolie plante printanière. Possède deux ou trois feuilles d'entre lesquelles sort une petite hampe portant une dizaine de fleurs blanches en clochette à odeur fine. Vient spontanément dans les régions de la montagne. C'est un **cardiaque.**

Ricin.— *Ricinus communis* (Euphorb.). Arbrisseau originaire de l'Inde que l'on trouve dans beaucoup de jardins. Feuilles grandes palmées; fleurs disposées en épis rameux. Les fruits sont une sorte de noix ovoïde hérissée de piquants à trois coques. Les semences sont grosses comme des haricots. Ne pas en manger car elles purgent trés violemment, grâce à un principe très actif qui se trouve sous l'enveloppe.

ANALYSE DE L'EAU DE LUCIANA (Corse)

La Corse est un pays riche en sources d'eaux minérales; parmi les eaux ferrugineuses, celles d'Orezza seule est connue. J'ai profité de mon séjour à Bastia pour m'occuper de l'eau acidule ferrugineuse de Luciana, qui, à mon avis, mérite une certaine attention.

Cette source se trouve à 18 kilomètres de Bastia, à 50 mètres environ du petit village de Luciana, au fond d'une riante vallée, couverte de châtaigniers, arbres dont la présence indique la richesse du sol en silice.

L'eau sourd d'une grotte creusée dans un terrain presque exclusivement composé de micaschistes ; cette grotte est tapissée de dépôts jaunâtres d'oxycarbonate de fer.

Des bains y avaient été établis anciennement, mais ils furent plus tard détruits. Actuellement, les habitants de Bastia se rendent, pendant l'été, à Luciana pour y faire usage des eaux.

Cette eau est froide et limpide ; d'un goût styptique de fer, dissimulé par l'acide carbonique. Sa richesse en acide carbonique fait que les habitants du pays la désignent sous le nom d'*aqua acetosa*.

Chauffée à l'air libre, elle dégage son

acide carbonique, en même temps qu'il se forme un précipité ocracé.

J'ai fait subir à cette eau, évaporée au quart de son volume ; les réactions suivantes :

Par le ferrocyanure de potassium il n'y a pas eu de production instantanée de coloration bleue ; le ferricyanure au contraire a donné immédiatement une couleur bleue, et peu de temps après un précipité de la même couleur. Ces réactions caractérisent la présence du *fer* à l'état de sel ferreux.

Le résidu d'un litre de cette eau évaporée au bain-marie et desséché à 110° a été de 1 gr. 455 ; il était de couleur ocreuse. Ce résidu traité par l'acide chlorhydrique a produit une vive effervescence ; il était donc composé presque exclusivement de carbonates. Il est resté une très minime partie insoluble dans cet acide ; cette insolubilité était due à la présence de la silice et du sulfate de chaux.

Une partie de la liqueur chlorhydrique filtrée, m'a permis de constater, outre la présence du fer, celle de l'*alumine*, de la *chaux* et de la *magnésie*. Dans le reste de la liqueur, j'ai dosé le fer ; le résultat obtenu a été de 0 gr. 095 de ce métal à l'état de carbonate.

En conséquence, l'eau de Luciana peut être classée parmi les eaux *acidules ferrugineuses*, et être employée dans les mêmes cas que les autres eaux minérales, qui appartiennent à cette dernière catégorie.

Les Nouveaux Remèdes, n° 10.
(24 mai 1888).

GOMME-GUTTE[1]

On trouve dans le commerce plusieurs variétés de Gomme-Gutte ; nous ne nous occuperons dans ce travail que de celle désignée sous le nom de Gomme-Gutte de Ceylan, qui est la variété officinale.

Cette gomme-résine se présente sous forme de cylindres jaune-orangé, longs de 20 à 30 centimètres, larges de 3 à 6 centimètres ; elle contient une gomme particulière et une *résine* qui est le principe actif. Nous avons séparé ces deux substances ;

(1) En collaboration avec M. G. Nivière.

la première par l'eau, la seconde par l'éther.

GOMME. — Le résidu du traitement par l'éther, dissous dans l'eau, donne une solution incolore. Cette liqueur nous a fourni les réactions suivantes : pas de précipité par l'acétate neutre et l'acétate de plomb, l'hydrate de baryte, l'eau de chaux, le perchlorure de fer, le tannin et le nitrate d'argent.

Elle ne réduit pas la liqueur de Fehling, mais la réduction se produit par inversion au moyen d'un acide.

La solution aqueuse évaporée donne une substance solide gommeuse qui ne se colore pas à froid par l'acide sulfurique, mais elle brunit à chaud ; la teinture d'iode ne produit aucune coloration. Ce composé est soluble dans l'alcool à 50º ; il ne fermente pas directement : il s'écarte donc par ses réactions des matières gommeuses ou polysaccharides connus, tels que : arabine, cerasine, inuline, dextrine, etc,

Nous proposons de nommer ce produit *hébradendrine*, dérivé de *hebradendron cambodgioïdes*, un des noms sous lequel on désigne le végétal qui produit la Gomme-Gutte.

RÉSINE. — Le produit obtenu par l'éther est résineux, il rougit le tournesol et jouit de propriétés acides ; d'où le nom d'acide cambodgique, donné par certains auteurs.

Nous avons constaté sa solubilité dans le toluène, le sulfure de carbone, le chloroforme, les alcools methylique et amylique. Une solution de cette résine dans l'alcool absolu, nous a donné, par le carbonate de potasse sec, un coloration plus foncée que celle de la résine pure ; le résinate formé se comporte comme la résine à l'égard des dissolvants précités.

L'Union pharmaceutique, n° 1.
(Janvier 1888).

FABIANA IMBRICATA

La *Fabiana imbricata* récemment préconisée contre les maladies de l'appareil urinaire et du foie est un végétal d'un beau vert de la famille des Solomées, tribu des Nicotianées ; il est originaire du Chili où on le désigne sous le nom de *pichi*. La plante a un aspect de conifère analogue à

celui de la sabine ; ses rameaux sont recouverts de très petites feuilles écailleuses,
imbriquées ; ils portent des fleurs blanches a corolle infundibuliforme. La tige
est fistuleuse comme celle de la douce-
amère ; le végétal répand une odeur analogue à celle de la matricaire.

Nous avons desséché à l'étude à 110°
des tiges herbacées d'une plante de Fabiane
provenant d'un jardin des environs de
Marseille ; par dessiccation, le principe
odorant a disparu. La plante pulvérisée a
été soumise aux trois traitements sui-
vants :

1° TRAITEMENT PAR LE SULFURE DE CAR-
BONE. — La poudre traitée par le sulfure
de carbone donne une solution qui, évaporée, laisse un extrait oléo-résineux coloré
en vert par une forte proportion de chloro-
phylle. Cet extrait était soluble dans l'alcool, l'éther, le chloroforme ; partiellement
soluble dans l'acide acétique cristallisable
et l'éther de pétrole. Après avoir légèrement chauffé ce résidu oléo-résineux avec
de l'eau aiguisée d'acide chlorhydrique,
nous avons recherché en vain un alcaloïde
dans le liquide filtré.

2° TRAITEMENT PAR L'ALCOOL. — La poudre provenant du traitement précédent par le sulfure de carbone épuisée par l'alcool à 85°, nous a donné une solution présentant une belle fluorescence bleue, qui devient violacée par addition de quelques gouttes d'acide sulfurique. Cette solution alcoolique évaporée nous a donné un résidu presque entièrement soluble dans l'eau bouillante. La solution dans l'eau de ce résidu alcoolique, chauffée avec quelques gouttes d'acide sulfurique réduit la liqueur de Fehling ; nous n'avons constaté aucune trace d'alcaloïde après lui avoir fait subir les traitements appropriés. Enfin, une portion de l'eau tenant en solution l'extrait alcoolique, traitée par l'acétate de plomb, nous a donné un précipité jaune analogue à l'esculo-tannate de plomb ;

3° TRAITEMENT PAR L'EAU. — Le résidu provenant du traitement alcoolique ci-dessus est épuisé par de l'eau distillée bouillante, la solution filtrée n'est pas flluorescente ; elle contient des matières gommeuses, du glucose et du tartrate de chaux, pas d'alcaloïdes.

MANUEL D'ANALYSE DES URINES

par E. LIOTARD, Pharmacien de 1re classe
Chimiste-Lauréat, Membre de la Société Chimique de
Paris et de la Société de Médecine de Nice.

M. MALOINE, éditeur, 23, Place de l'Ecole de
Médecine, Paris. — Prix, **2.50**.

Introduction à la Seconde édition

La première édition de ce *Manuel d'Analyse* a été
épuisée dans un an. La faveur avec laquelle ce livre
a été accueilli, prouve qu'il répondait à un besoin.
En le publiant, j'avais surtout eu pour but de faire
œuvre utile ; aussi, suis-je heureux de constater ce
succès.

Je ne livre cette nouvelle édition au public médical
pharmaceutique et aux chimistes, qu'après l'avoir
revue, augmentée et améliorée, autant que j'ai pu.

Voici d'ailleurs le résumé de l'opinion de la presse
scientifique sur la 1re édition, c'est le meilleur éloge
qui puisse en être fait.

Nice Médical, N· 7 (avril 1897). — *Ce livre émi-
nemment pratique est l'œuvre de M. E. Liotard,
pharmacien à Nice, et membre de la Société de Médecine et de Climatologie de cette Ville. Il dénote
chez l'auteur une connaissance approfondie du
sujet qu'il traite et est par suite, appelé à rendre de
journaliers services à tous ceux, et ils sont aujour-
d'hui nombreux, qui ont incessamment besoin d'avoir
recours à l'analyse chimique. Il a été accueilli avec
la plus grande faveur par la Presse Scientifique, et
pour ne pas être accusé de bienveillance exagérée.
nous croyons ne pouvoir mieux faire que reproduire
les quelque lignes critiques qui lui ont été consacrées
par le* « Journal des Connaissances Médicales », *de
M. le professeur Cornil, dans le N° 14, du 8 avril
1897 :*

3

« Ainsi que l'explique très clairement M. Liotard dans son avant-propos, ce manuel répond exactement au desiderata des praticiens : médecins, pharmaciens. chimistes et étudiants, qui, à côté des ouvrages complets mais volumineux et diffus, ont besoin d'un aide-mémoire, d'un compendium court, méthodique et précis. Le livre de M. Liotard remplit pleinement le but proposé, sans que toutefois l'exactitude y ait été sacrifiée à la brièveté.

« La majeure partie de cet ouvrage est consacrée à l'étude des divers procédés d'analyse des urines. En particulier on a décrit le procédé de détermination de l'azote total, afin de permettre le calcul du coefficient d'oxydation urinaire.

« Toutes les autres secrétions sont ensuite traitées avec tout le développement qu'elles nécessitent.

« L'auteur a particulièrement mis son ouvrage au courant de toutes les données scientifiques actuellement admises.

« C'est plus qu'un livre utile, c'est un livre nécessaire. »

Journal des Praticiens, 12 juin 1897. — Volume de poche pratique, où ne sont décrits que les procédés les plus rapides, d'une façon très claire et très courte.

Journal de Pharmacie et de Chimie, 15 juin 1897. — M. Liotard s'est proposé de faire et a fait un livre pratique sous une forme simple, courte et claire.

Répertoire de Pharmacie, 10 avril 1897. — .... Le Manuel de M. Liotard rendra service aux médecins, pharmaciens et étudiants.

Parmi les autres journaux qui ont fait bon accueil au livre de M. Liotard, l'on peut citer : *Le Progrès Médical. — La Revue Bibliographique Belge. — La Gazette Hebdomadaire de Médecine et Chirurgie. — La Revue Médicale. — La Tribune Médicale. — Le Journal de Médecine et Chirurgie.— L'Union Pharmaceutique. — Le Bulletin de Pharmacie de Lyon,* etc., etc.

Résumé de l'opinion de la Presse Scientifique

SUR LE

MANUEL DE PHARMACOLOGIE CLINIQUE

de E. LIOTARD, Pharmacien de 1re classe à Nice

Joli volume relié de 378 pages. — Prix, **5** francs.

SOCIÉTÉ D'ÉDITIONS SCIENTIFIQUES
Rue Antoine-Dubois, 4, Paris

Nice Médical, octobre 1898. — Le nouveau Manuel de Pharmacologie Clinique que vient de publier M. Liotard, notre distingué collègue de la Société de Médecine et de Climatologie de Nice, a été l'objet d'un rapport très favorable, fait à l'*Académie de Médecine* le 28 septembre, par M. le Docteur Ferrand. Comme le dit l'honorable rapporteur « ce Manuel, « dans lequel sont passés en revue les médicaments « anciens et modernes, où l'auteur s'est surtout pré- « occupé de préciser le dosage des médicaments et « de calculer ce qu'il nomme le coefficient théra- « peutique de chaque substance et qui se termine « par une table des doses maxima et des coefficients « posologiques *constitue un livre fort utile à con- « sulter.* »

Nous ne saurions, en conséquence, trop engager nos lecteurs à en faire l'acquisition, il sera pour eux un aide-mémoire qui leur rendra de réels services.

Progrès Médical, du 26 mars 1898. — Ce livre, ainsi que le dit M. Liotard dans la préface, est un exposé simple et aussi précis que possible des *pro- priétés,* des *caractères* et du *mode de préparation* des principaux médicaments. Pour chacun d'eux il indique les *solubilités*, *l'action thérapeutique*, le *mode d'emploi*, les *doses*, les *incompatibilités* et les *antidotes* lorsqu'ils sont toxiques......

Dans cet ouvrage M. Liotard *introduit la notion du coefficient thérapeutique*. Ce qui fait connaître la dose à donner selon l'âge et le poids du corps. Pour permettre au praticien de mettre en œuvre cette méthode, M. Liotard a dressé un tableau des doses maxima (pour une fois et pour 24 heures) aussi complet que possible ; avec le coefficient thérapeutique pour chaque médicament. Ce livre s'adresse donc tout à la fois aux médecins, pharmaciens et étudiants ; il sera certainement bien accueilli par eux. (YVON).

Journal de Médecine et de Chirurgie pratiques, mars, 1898.

Le Manuel de Pharmacologie publié par M. Liotard diffère par sa conception des autres traités parus jusqu'à ce jour. En publiant ce livre, l'auteur a eu pour but de faire œuvre utile. Il évite, en effet, la perte de temps pour les recherches dans des ouvrages volumineux, coûteux et peu pratiques. C'est, en un mot, un ouvrage *indispensable* à ceux qui contribuent à l'art de guérir.

Bulletin de Pharmacie du Sud-Est, juin, 1898. — ..... *Cette innovation* (les coefficients thérapeutiques) pourra rendre d'utiles services... C'est, en résumé, un commode aide-mémoire pour les praticiens, médecins ou pharmaciens. (Prof. GAY).

NICE

CLIMAT — HYGIÈNE

par E. LIOTARD, Pharmacien de 1re classe

Chimiste-Lauréat, Membre de la Société Chimique
de Paris, de la Société des Sciences et Médecine
de Nice

SOCIÉTÉ D'ÉDITIONS SCIENTIFIQUES
4, rue Antoine-Dubois, Paris

Volume in-32 de 140 pages (3e édition).

Résumé de l'opinion de la presse

La Semaine Niçoise. — .... M. Liotard a publié
la 3e édition d'un livre qui a obtenu un légitime
succès. Sous le titre : *NICE, Climat, Hygiène,*
l'auteur a habilement concentré dans un volume tout
ce qui peut être utile aux étrangers et même aux
Niçois. La partie scientifique notamment, y occupe
une large place et affirme la compétence de l'auteur
sur le sujet qu'il traite. Nous sommes heureux d'en
féliciter l'auteur qui est un ancien élève du Lycée de
Nice.

Mémorial de la Librairie Française. — .... Mono-
graphie très intéressante et très utile, où l'auteur,
M. Liotard, décrit le climat, la météorologie, les
questions d'hygiène privée ou publique concernant
Nice, les bains de mer, la géologie, la végétation,
productions naturelles, promenades. On y trouve
12 tableaux des observations météorologiques faites
par mois. L'ouvrage se termine par la description
des stations d'été des Alpes-Maritimes.

Revue Bibliographique Belge. — ..... Nice, l'heureux séjour chanté par Delille dans son poème : *Les Jardins*, a tenté la plume de M Liotard, un hygiéniste distingué, membre de la Société Chimique de Paris et de la Société de Médecine et des Sciences de Nice. Ses renseignements ont trait à quatre questions importantes : d'abord, le *climat* avec ses influences curatives et les multiples observations météorologiques auxquelles il a donné lieu. Puis, l'*hygiène* avec des notes intéressantes sur l'alimentation, l'habitation, la cure d'eau, les bains de mer, la médicamentation, etc. Ensuite, la *géologie*, la *botanique*, avec une nomenclature détaillée des plantes médicinales particulières à la région, nous donnant tous les détails désirables sur leurs propriétés physiques et médicales. Dans une dernière partie, l'auteur nous fait parcourir les belles promenades de Nice, groupe toutes les observations météorologiques et autres, qui peuvent présenter un intérêt quelconque pour le touriste.

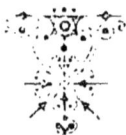

CHIMIE, MICROGRAPHIE

Travaux de Laboratoire
de E. LIOTARD, Chimiste-Lauréat,
Membre de la Société Chimique de Paris, Pharmacien
de 1re Classe, Ex-Élève des Facultés des Sciences
et Écoles Supérieures de l'État

Coin : 2, rue de France et rue Maccarani, 1
NICE

1o — Analyses de Lait

Des analyses de lait qui nous ont été adressées,
nous pouvons conclure que les laitiers abandonnent
la pratique du mouillage du lait, tandis que l'écré-
mage continue. Aussi, nous avons tout récemment
fait prendre du lait en ayant soin de bien recomman-
der qu'il fut donné du lait non écrémé ; après l'analyse, le lait remis se trouvait ne renfermer que 17
grammes de beurre par litre.

Nous constatons cependant, qu'à la suite d'analyses de lait qui nous sont confiées par une adminis-
tration importante, nous n'avons trouvé qu'un seul
échantillon qui ne contenait que 23 grammes de
beurre.

Nous avons, pour les analyses de lait, adopté un
mode opératoire pratique que nous nous proposons
de publier en temps et lieu.

2o — Analyses d'Urines

C'est notre véritable spécialité ; nous nous faisons
un devoir de remercier MM. les Docteurs de Nice et
du département qui ont bien voulu nous adresser des

analyses. La majorité des résultats a permis de fixer les diagnostics. Notre manuel d'analyse des urines, dont la première édition s'est vendue dans un an, a surtout contribué à nous faire connaître. Ce livre est cité dans la bibliographie de plusieurs ouvrages de chimie. Un grand nombre de chimistes ont adopté nos chiffres et schémas graphiques.

Nous remercions également nos confrères qui nous ont honoré de leur confiance en nous faisant exécuter les analyses à eux remises ; ils seront toujours servis avec discrétion et exactitude. Comme par le passé, nous nous mettons à la disposition de MM. les Docteurs, pour leurs analyses. Les malades indigents et ceux des cliniques et les établissements hospitaliers jouiront d'un rabais de 50 0/0. Toute personne soucieuse de sa santé doit avoir soin de faire analyser ses urines périodiquement.

3o — *Examens Bactériologiques*

Ce sont surtout ceux de crachats et de pus. Les travaux de Koch et de Pasteur ont démontré que la phtisie, ou tuberculose, est due à la présence dans les poumons, d'un bacille particulier que l'on peut mettre en évidence surtout dans les crachats. *Trouver* ou *ne pas trouver* le bacille indique par conséquent que le malade est ou n'est pas tuberculeux. Cette recherche devrait donc être faite presque pour toutes les personnes dont la toux est un peu opiniâtre.

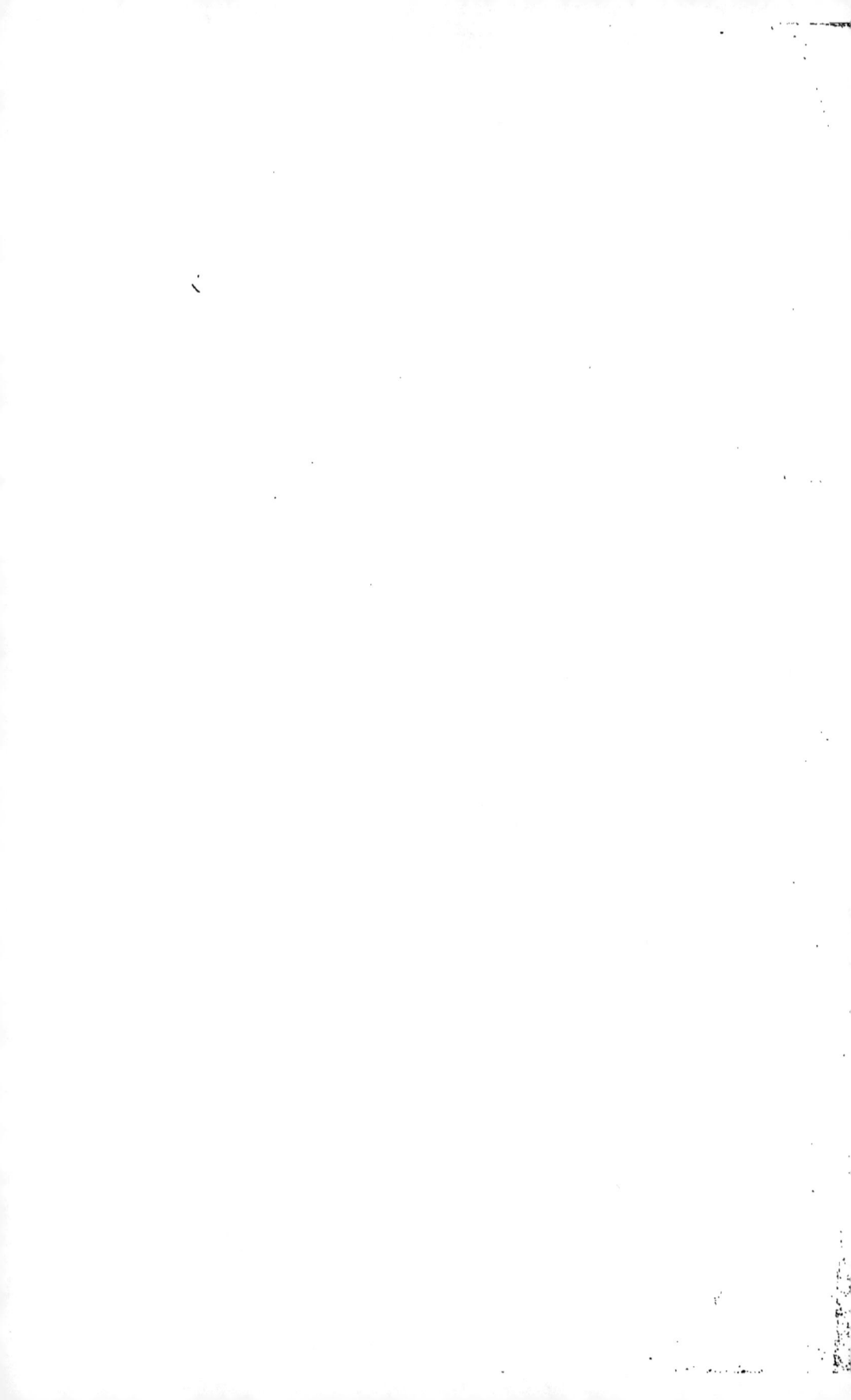

Les produits chimiques et pharmaceutiques employés à la **Pharmacie Anglo - Américaine** sont d'une **pureté absolue et de qualité irréprochable.** Toutes les préparations sont faites par le propriétaire (*pharmacien de 1ʳᵉ classe*), ou sous sa surveillance directe. MM. les clients peuvent donc compter sur la scrupuleuse exécution des prescriptions.

LABORATOIRE SPÉCIAL D'ANALYSES

Possédant les appareils nouveaux et perfectionnés dirigé par le titulaire

Ex-élève des Facultés des Sciences et Écoles supérieures de l'État

SERVICE DE NUIT ASSURÉ

Dépôt de toutes les Spécialités Françaises & Étrangères

ARTICLES DE PARFUMERIE

DÉPOT D'EAUX MINÉRALES

ARTICLES EN CAOUTCHOUC

OBJETS DE PANSEMENT — BANDAGES

Produits Hygiéniques

Rapides Livraisons dans toute la Ville.

N. B. — La **Grande Pharmacie Anglo-Américaine**, par son organisation et ses grands approvisionnements, peut rivaliser avec les grandes pharmacies de Paris. *Les titres scientifiques du Propriétaire sont une bonne garantie pour tout ce qui concerne les ordonnances médicales et analyses.*